BEI GRIN MACHT SICH IHR WISSEN BEZAHLT

- Wir veröffentlichen Ihre Hausarbeit,
  Bachelor- und Masterarbeit

- Ihr eigenes eBook und Buch -
  weltweit in allen wichtigen Shops

- Verdienen Sie an jedem Verkauf

Jetzt bei www.GRIN.com hochladen und kostenlos publizieren

Jennifer Raab

Prozentrechnung: „Welchen Gutschein möchtest du zuerst einlösen?". Rabatte berechnen (Mathematik, Klasse 7)

GRIN Verlag

GRIN - Your knowledge has value

Der GRIN Verlag publiziert seit 1998 wissenschaftliche Arbeiten von Studenten, Hochschullehrern und anderen Akademikern als eBook und gedrucktes Buch. Die Verlagswebsite www.grin.com ist die ideale Plattform zur Veröffentlichung von Hausarbeiten, Abschlussarbeiten, wissenschaftlichen Aufsätzen, Dissertationen und Fachbüchern.

Besuchen Sie uns im Internet:

http://www.grin.com/

http://www.facebook.com/grincom

http://www.twitter.com/grin_com

Unterrichtsvorbereitung

Thema der Unterrichtseinheit:
Prozentrechnung

Thema der Unterrichtsstunde:
„Welchen Gutschein möchtest du zuerst einlösen?"-
Rabatte berechnen

Inhaltsverzeichnis

1. Stellung der Stunde in der Unterrichtseinheit

Datum/ Stunde	Thema der Stunde/n	Angestrebter Kompetenzzuwachs Die Lernenden erweitern ihre Kompetenz …	Prozess-modell
28.10.13 1.Std	Einstieg Prozent-rechnung – *Placemat-Methode*	… *mathematisch zu kommunizieren,* indem sie mithilfe der Placemat-Methode ihr Vorwissen zum Prozentbegriff aktivieren, sich in der Gruppe darüber austauschen und ihre Ergebnisse präsentieren.	Lernen initiieren und vorbereiten
30.10.13 2.Std	Brüche in Prozent umwandeln - *Was sind Prozent?*	… *mathematische Darstellungen zu verwenden,* indem sie zwischen Bruch- und Prozentdarstellungen wechseln und die Eigenschaften von Prozentanga-ben entdecken.	Lernwege eröffnen und gestalten
01.11.13 3.Std	Prozentanteile berechnen	… *mit symbolischen, technischen und formalen Ele-menten der Mathematik umzugehen,* indem sie Pro-zentanteile berechnen und miteinander vergleichen.	
01.11.+ 04.11.13 4.+5.Std	Angebote vergleichen – Rabatt berechnen	… *mathematisch zu modellieren,* indem sie Werbe-anzeigen zweier Angebote für ein Smartphone mit-einander vergleichen, indem sie den dazugehörigen Rabatt des einen Angebots berechnen und sich begründet für eines der Angebote entscheiden.	
06.11.- 13.11.13 6 - 9.Std	Anteile und Prozent	…*mathematische Darstellungen zu verwenden,* indem sie aus mathematischen Figuren Anteile bestimmen und in Prozent angeben.	Kompeten-zen stärken und erweitern
15.11.13 10+ 11.Std	Grundbegriffe der Prozentrechnung – *Grundwert, Prozent-wert und Prozentsatz*	… *mathematisch zu argumentieren,* indem sie die Grundbegriffe der Prozentrechnung kennenlernen und bei Sachaufgaben entscheiden, welcher Wert durch welchen Begriff beschrieben werden kann.	
18.11.+ 20.11.13 12.+ 13.Std	Prozentwert und Grundwert berechnen	… *mathematisch zu modellieren,* indem sie mithilfe des Dreisatzverfahrens den Prozent- und Grundwert bei Sachaufgaben berechnen.	
22.11.+ 25.11.13 14.+ 15.Std	*Was kann ich schon?* Selbstdiagnose zur Prozentrechnung	…*personale Kompetenz,* indem sie mithilfe einer Selbstdiagnose das eigene Können zur Prozentrech-nung einschätzen, auswerten und entsprechend ihrer Stärken und Schwächen Übungsmaterial nutzen.	Orientierung geben und erhalten
27.11.13 16.Std	Prozentsatz berechnen	… *mathematisch zu modellieren,* indem sie mithilfe des Dreisatzverfahrens den Prozentsatz bei Sach-aufgaben berechnen.	Kompeten-zen stärken und erweitern
29.11.+ 02.12.13 17.- 19.Std	Prozente im Alltag – *Sachaufgaben zur Prozentrechnung*	… *mathematisch zu modellieren,* indem sie bei Sach-aufgaben zur Prozentrechnung den jeweils fehlenden Wert berechnen und ihr Ergebnis validieren.	
06.12.13	Mathematikarbeit Nr. 2 – Prozentrechnung		Lernen bilanzieren und reflektieren
09.12.13	Prozentuale Zunahme und Abnahme	… *mit symbolischen, technischen und formalen Ele-menten der Mathematik umzugehen,* indem sie bei verschiedenen Angeboten eine prozentuale Zunah-me und Abnahme berechnen.	
10.12.13	„Welchen Gutschein möchtest du zuerst einlösen?"- Rabatte berechnen	… **mathematisch zu modellieren,** indem sie aus einem Comic wichtige Informationen sinnentneh-mend erfassen, beide Möglichkeiten zur Einlö-sung von zwei Rabatten vergleichen, ihre Ergeb-nisse reflektieren und sich begründet für eine Möglichkeit entscheiden. Sie präsentieren im An-schluss ihre Ergebnisse und Vorgehensweise.	

2

2. Lernvoraussetzungen

2.1 Allgemeine Ler1nvoraussetzungen

Die heutige Stunde findet in einem Mathematik-7-B-Kurs statt. Diese Lerngruppe setzt sich aus fünfzehn Schülerinnen und dreizehn Schülern zusammen. Diese stammen aus drei Klassen, siebzehn aus der Klasse 7c, sieben aus der Klasse 7f und vier aus der Klasse 7e. Ich unterrichte die Lerngruppe eigenverantwortlich seit Beginn des neuen Schuljahres in vier Stunden Mathematik pro Woche. Im vorherigen sechsten Schuljahr wurde Mathematik im Klassenverband unterrichtet, sodass nun erstmalig Kurse zusammengesetzt wurden. Die Lerngruppe ist sehr heterogen. Zu beachten ist außerdem, dass vier Lernende auf Einspruch der Eltern diesem B-Kurs, anstatt einem C-Kurs, zugeteilt wurden.

Das Verhältnis zwischen der Lerngruppe und mir schätze ich bisher positiv ein. Die Lernenden sind mir gegenüber freundlich und aufgeschlossen. Ich fühle mich als Lehrperson akzeptiert und angenommen.

Als leistungsstärkere Schülerinnen und Schüler zeigen sich bisher (…). Sie beteiligen sich häufig am Unterricht und sind am Fach Mathematik sehr interessiert. Allgemein ist die Lerngruppe in ihrer mündlichen Beteiligung jedoch häufig noch etwas zurückhaltend. Sehr ruhig sind unter anderem (…). Als leistungsschwächere Schülerinnen und Schüler schätze ich bisher (…) ein. Sie benötigen häufiger Hilfestellungen beim Bearbeiten von Aufgaben und weisen oft Schwächen bei grundlegenden mathematischen Berechnungen auf.

J. hat besondere Schwierigkeiten im Bereich des Lesens und Schreibens und eine leichte Sehschwäche. Gemeinsam mit seiner Mutter wurde daher die Absprache getroffen, bei Arbeitsblättern möglichst eine größere Schriftgröße für ihn zu wählen. Bei Textaufgaben ist es für ihn außerdem hilfreich, ihm individuelle Hilfestellungen zu geben. In dieser Unterrichtsstunde kann ihm der Comic für das Verständnis der Aufgabenstellung helfen.

Allgemein fällt in der Lerngruppe auf, dass einige der Lernenden die Hausaufgaben nicht oder nur teilweise erledigen und häufig nicht ihr vollständiges Material dabei haben. Durch ihr Arbeits- und Sozialverhalten fallen vor allem (…) auf. Sie halten sich häufig nicht an vereinbarte Regeln und stören den Unterricht durch unpassende Zwischenrufe. In Einzel- oder Gruppenarbeitsphasen sind sie oft unkonzentriert und beschäftigen sich mit anderen Tätigkeiten, sodass sie durch individuelle Hinweise zum Arbeiten motiviert werden müssen.

Zu beachten ist außerdem, dass in der Jahrgangsstufe 7 zurzeit sehr häufig Konflikte entstehen, was sich in manchen Situationen auch in diesem Kurs auswirkt. So kommt es gelegentlich zu kleineren Auseinandersetzungen zwischen den Lernenden, was zu einer Unruhe führen kann.

2.2 Institutionelle Lernvoraussetzungen

Bei der Gesamtschule handelt es sich um eine integrierte Gesamtschule. Im Fach Mathematik findet ab dem siebten Jahrgang eine Differenzierung in A-, B- und C-Kurse statt. Bei dieser Lerngruppe handelt es sich um einen B-Kurs, was dem Realschulniveau entspricht.

Die heutige Unterrichtsstunde findet im Fachraum statt. Zur Ausstattung des Raumes gehören eine Tafel und ein Overheadprojektor.

2.3 Spezielle Lernvoraussetzungen

In der vorherigen Unterrichtseinheit haben die Lernenden bereits das Dreisatzverfahren bei proportionalen und antiproportionalen Zuordnungen kennengelernt. Außerdem wurden verschiedene Sachaufgaben zu proportionalen und antiproportionalen Zuordnungen behandelt und erste Schritte beim Modellieren mündlich besprochen.

In dieser Unterrichtseinheit zur Prozentrechnung haben die Lernenden bereits ihr Vorwissen zu Prozenten aktiviert, die Zusammenhänge zwischen Brüchen und Prozenten wiederholt und Prozentanteile berechnet. Außerdem wurden die Grundbegriffe der Prozentrechnung eingeführt und fehlende Werte mithilfe von Zuordnungstabellen und dem Dreisatzverfahren berechnet. Es wurde bewusst darauf verzichtet, mit den Formeln zur Berechnung der einzelnen Werte zu arbeiten, da die Lernenden mithilfe der Zuordnungstabellen ihr Vorwissen aktivieren und ihre Fähigkeiten festigen können. In der Mathematikarbeit zeigte sich, dass einzelne Schülerinnen zusätzlich die Formeln zur Berechnung der einzelnen Werte aus dem Mathematikbuch gelernt und angewendet haben. Dies ist durchaus zulässig, auch in dieser Unterrichtsstunde, da die Art der Berechnung nicht vorgegeben ist.

Der Lerngruppe steht noch kein Taschenrechner zur Verfügung, dieser wird erst im darauffolgenden Schulhalbjahr eingeführt. Daher müssen die Lernenden alle Berechnungen schriftlich, wenn möglich auch im Kopf, durchführen.

Die *Think-Pair-Share-Methode* habe ich mit dieser Lerngruppe bereits durchgeführt. Den Lernenden fällt es jedoch bisher sehr schwer, besonders die erste individuelle Phase intensiv zu nutzen. Sie haben das Bedürfnis sich direkt mit ihren Sitznachbarn auszutauschen. Daher wird die Methode mit der Lerngruppe noch weiter trainiert, damit die Lernenden vor allem aus der ersten Phasen einen Nutzen ziehen können. An der Tafel signalisieren Methodenkarten die einzelnen Phasen, um den Lernenden den Ablauf zu veranschaulichen.

3. Sachanalyse

Der Begriff „Prozent" (lat. „pro centum") bedeutet „von Hundert"[1] und ist somit eine weitere Schreibweise für einen Hundertstelbruch.

Beispiel: $20\% = \dfrac{20}{100} = 0{,}2$

Die Grundbegriffe der Prozentrechnung werden als *Grundwert G*, *Prozentsatz p%* und *Prozentwert W* bezeichnet. Der *Grundwert* ist das Ganze und beträgt immer 100%. Ein bestimmter Anteil dieses Ganzen, kann entweder in Prozent, dem *Prozentsatz*, oder als Größe des Anteils angegeben werden, dem *Prozentwert*.[2]

Man kann diese drei Werte mithilfe von Zuordnungstabellen berechnen. Dem Grundwert wird dann immer 100% zugeordnet und dem Prozentwert der jeweilige Prozentsatz.

Die Zusammenhänge der einzelnen Werte lassen sich folgendermaßen veranschaulichen:[3]

$$Grundwert = \frac{Prozentwert}{Prozentsatz^4}; \quad Prozentsatz = \frac{Prozentwert}{Grundwert};$$

$$Prozentwert = Grundwert \cdot Prozentsatz^5$$

Ein *Rabatt* ist ein „unter bestimmten Bedingungen gewährter (meist in Prozenten ausgedrückter) Preisnachlass". Synonyme sind beispielsweise Ermäßigung, Gutschrift, Vergütung, Nachlass oder umgangssprachlich einfach Prozente.[6]

Um einen Rabatt zu berechnen, kann entweder zuerst der zum Prozentsatz zugehörige Prozentwert berechnet und anschließend vom Grundwert abgezogen werden oder der verminderte Grundwert wird sofort berechnet, indem der zugehörige Prozentsatz von 100 Prozent abgezogen wird.

4. Didaktische Überlegungen

In den Bildungsstandards und Inhaltsfeldern für den Mittleren Schulabschluss beinhaltet das Inhaltsfeld „Zahl und Operation" den Teilbereich „Operationen und ihre Eigenschaften", zu welchem Folgendes zählt: „Die Grundaufgaben der Prozentrechnung werden genutzt, um Sachsituationen zu modellieren und prozentuale Angaben argumentativ zu beurteilen."[7] Innerhalb der Schwerpunktsetzungen in den Inhaltsfeldern in Jahrgangsstufe 7/8 wird unter

---

[1] http://www.duden.de/suchen/dudenonline/perzent (05.12.2013)
[2] Das große Tafelwerk. S.15.
[3] http://www.formelsammlung-mathe.de/prozentrechnung.html (03.12.2013)
[4] *Anmerkung: Der Prozentsatz wird hier als Dezimalbruch angegeben.*
[5] Ebd.
[6] http://www.duden.de/rechtschreibung/Rabatt (03.12.2013)
[7] Hessisches Kultusministerium: Bildungsstandards und Inhaltsfelder. S.18f.

dem gleichnamigen Teilbereich außerdem der Inhalt „Prozentrechnung mit erhöhtem und vermindertem Grundwert" benannt.[8]

Zu den Lernzeitbezogenen Kompetenzerwartungen am Ende der Jahrgangsstufe 8 zählen sowohl die Kompetenz des Modellierens, sowie die des Kommunizierens, welche in dieser Unterrichtsstunde gefördert werden sollen.[9]

Prozentdarstellungen sind der Lerngruppe bereits seit der Jahrgangsstufe 6 bekannt, vor allem die Umwandlung von einer Bruchdarstellung zur Prozentdarstellung. In dieser Unterrichtseinheit wurde bereits in der Phase „Lernwege eröffnen und gestalten" mit einer Modellierungsaufgabe zum Rabatt gearbeitet, wobei die Lernenden bereits ohne Vorwissen zur Prozentrechnung diesen Rabatt berechnen konnten. Zum Abschluss der Unterrichtseinheit wird dieses Thema nun noch einmal aufgegriffen, um den Lernenden eine Orientierung zu geben und ihr Lernen reflektieren zu können. Außerdem können sie nun zur Berechnung von Rabatten das bisher Gelernte anwenden.

Prozente werden auch bei dem darauffolgenden Themengebiet „Daten erheben und auswerten" eine Rolle spielen, vor allem in Verbindung mit der Darstellung von Anteilen in Diagrammen. In der Jahrgangsstufe 8 werden Prozente auch in der Zinsrechnung bedeutsam sein, sowie in den Abschlussprüfungen für den Haupt- und Realschulabschluss.

Diese Unterrichtsstunde dient vor allem dem *Üben, Vertiefen und Wiederholen*. Es handelt sich dabei um *Reflektierendes Üben*, da die Lernenden nicht nur bereits bekannte Rechenweisen anwenden, sondern ihre Lösungen und Vorgehensweise auch reflektieren sollen.[10]

Das Thema Prozentrechnung bietet einen direkten Bezug zur Lebenswelt der Heranwachsenden, da sie in ihrem Alltag immer wieder auf Prozentdarstellungen stoßen, sei es beispielsweise bei Zeitungsartikeln, Lebensmitteln, Rabatten und vielem mehr. Rabatte spielen in der heutigen Zeit eine sehr große Rolle, da die Verkaufsbranche tagtäglich Preissenkungen nutzt, um die Kunden zum Kauf zu animieren.

Die gewählte Aufgabe soll die Motivation der Lernenden fördern. Es soll vor allem Motivation durch „kognitiven Antrieb", also Neugier, geweckt werden, indem Zweifel und Ungewissheit geschaffen werden sollen.[11] Außerdem dient der Comic, als sogenannte „Bildaufgabe", dazu dass sich die Lernenden in die Situation besser hineindenken können.[12] Er soll auch eine Abwechslung zu bereits häufiger verwendeten Textaufgaben schaffen.

Als Modellierungsaufgabe begünstigt die Aufgabe vor allem die Motivation zur Beschäftigung mit Mathematik und unterstützt das Verstehen mathematischer Inhalte.[13] Außerdem lernen die Heranwachsenden durch Modellierungsaufgaben vor allem auch die Mathematik in ihrer Umwelt wahrzunehmen und auch auf realistische Probleme anzuwenden.[14]

Die Aufgabe lässt sich bezüglich der Modellierungskompetenz dem *Anforderungsbereich II* zuordnen, indem „mehrschrittige Modellierungen innerhalb weniger und klar formulierter Ein-

---

[8] Ebd. S.27.
[9] Hessisches Kultusministerium: Bildungsstandards und Inhaltsfelder. S.24f.
[10] Büchter, Andreas/ Leuders, Timo: Mathematikaufgaben selbst entwickeln. S.144.
[11] Zech, Friedrich: Grundkurs Mathematikdidaktik. S.189.
[12] Ebd. S.195.
[13] Maaß, Katja: Mathematisches Modellieren. S.16.
[14] Ebd. S.15.

schränkungen" vorgenommen werden, die Ergebnisse der Modellierung interpretiert werden und ein mathematisches Modell passenden Realsituationen zugeordnet wird.[15]

Je nachdem wie die Lernenden die beiden Möglichkeiten zum Einlösen der Gutscheine überprüfen, bewerten und miteinander vergleichen, kann die Aufgabe auch unter Aspekten des *Anforderungsbereichs III* gelöst werden.[16]

5. Methodische Überlegungen

Der *stumme Impuls* zu Beginn der Unterrichtsstunde, bei dem die Lerngruppe den gezeigten Comic beschreiben soll, dient vor allem der Motivation zur weiteren Arbeit. Es soll das Interesse der Lernenden wecken und Fragen zur Problemstellung initiieren. Die sich ergebenden Fragen werden gesammelt und solche, die von der eigentlich erwarteten Fragestellung abweichen, können später als didaktische Reserve genutzt werden.

Die Methode des *Think-Pair-Share*, oder auch "Ich-Du-Wir" genannt, bietet die Möglichkeit einer individuellen Auseinandersetzung mit der Problemstellung, sowie den Austausch in Zweiergruppen und einer abschließenden Präsentation.[17] Vor allem die „Think"-Phase dient dazu, dass jeder einzelne Ideen zur Lösung des Problems finden kann und diese seinem Partner im Anschluss vorstellt. Bei der Präsentation des gemeinsamen Ergebnisses sollen die Lernenden nicht nur ihre Ergebnisse vorstellen, sondern auch über ihre Vorgehensweise reflektieren. Die gesamte Lerngruppe kann dann die verschiedenen Lösungswege miteinander vergleichen. Die einzelnen Phasen werden sowohl durch Karten an der Tafel, als auch der Wechsel durch einen Klangstab signalisiert, damit der Lerngruppe deutlich wird, in welcher Phase sie sich befinden.

Diese Methode ist vor allem für diese Lerngruppe geeignet, da sie im mündlichen Bereich noch sehr zurückhaltend ist (siehe 2.1), und so alle die Möglichkeit bekommen, sich intensiv mit der Problemstellung auseinanderzusetzen und sich im Austausch zu zweit zu beteiligen.

In der ersten „*Think"-Phase* ist es vor allem wichtig, für Ruhe zu sorgen, damit sich alle angemessen konzentrieren und eigene Ideen entwickeln können. Außerdem soll eine direkte Zeitvorgabe, in diesem Fall von fünf Minuten, dazu dienen, dass die Lernenden ihre Zeit effektiv nutzen.[18] Während der Einzelarbeit können die Lernenden zunächst eine eigene Vermutung zur Fragestellung aufschreiben, um diese später überprüfen zu können.

Die zweite „*Pair"-Phase*, also der Austausch zu zweit, bietet die Möglichkeit, sich gegenseitig die Ideen vorzustellen, zu begründen, zu erklären und sich gegenseitig bei der Lösung zu unterstützen. Dabei wird auch die Kompetenz des Argumentierens geschult.[19] Außerdem wird durch die Partnerarbeit die *Sozialkompetenz* der Lerngruppe gefördert. Ich habe mich in dieser Phase bewusst gegen *Hilfekarten* entschieden, da sie die Lernenden zu sehr auf ein Lösungsverfahren festlegen und die Aufgabe nicht mehr so offen gehalten ist, wie es bei

---

[15] Blum, Werner et al.: Bildungsstandards Mathematik: konkret. S.41.
[16] Ebd. S.41.
[17] Barzel, Bärbel et al.: Mathematik Methodik: S.118.
[18] Ebd. S.120.
[19] Ebd. S.120f.

Modellierungsaufgaben der Fall ist. Daher unterstütze ich die Lerngruppe mit individuellen Hilfen.

In der letzten *Phase des „Share"*, stellen die Lernpartner ihre Ergebnisse dem Plenum mithilfe von Folien vor, sodass verschiedene Lösungswege entdeckt und diskutiert werden können. Die Lehrperson nimmt dabei die Rolle des Moderators ein.[20]

6. Angestrebter Kompetenzzuwachs

Die Lernenden erweitern ihre Kompetenz *mathematisch zu modellieren*, indem sie aus einem Comic wichtige Informationen sinnentnehmend erfassen, beide Möglichkeiten zur Einlösung von zwei Rabatten vergleichen, ihre Ergebnisse reflektieren und sich begründet für eine Möglichkeit entscheiden. Sie präsentieren im Anschluss ihre Ergebnisse und Vorgehensweise.

7. Verlaufsplan

Zeit	Phase/Inhalt	Methode/ Sozialform	Medien
08:00Uhr- 08:02Uhr	Begrüßung und Vorstellen der Gäste	LiV-Vortrag	
08:02Uhr- 08:07Uhr	**Einstieg/ Motivation:**		
	Den Lernenden wird ein Comic an der Tafel präsentiert.	Stummer Impuls	Tafel, Comic
	Mögliche Schüleräußerungen: - „ein Junge hält zwei Gutscheine in der Hand, einen 5-Euro-Rabatt-Gutschein und einen 20%-Rabatt-Gutschein", - „der Junge denkt an eine HIMYM-DVD", - „die DVD kostet 35 Euro", - „eine Frau an der Kasse fragt ihn, welchen Gutschein er zuerst einlösen will", - „der Junge denkt nach", - ...	Schüleräußerungen	
08:07Uhr- 08:15Uhr	**Problemstellung**		
	„Was glaubt ihr, worüber der Junge nachdenkt?"/ „Was glaubt ihr, warum die Kassiererin diese Frage stellt?"	LiV-Impuls	
	Mögliche Schüleräußerungen: - „Vielleicht ist eine Möglichkeit günstiger" - „Vielleicht macht die Reihenfolge einen Unterschied beim Preis" - „Das ist doch total egal, welcher Gut-	Schüleräußerungen	

---

[20] Ebd. S.121.

schein zuerst genommen wird."
- ...

LiV schreibt die Fragestellung an die Tafel: „Welcher Gutschein muss zuerst eingelöst werden, damit man am meisten spart?" („Spielt die Reihenfolge eine Rolle beim Preis?")		Tafel, Kreide
Arbeitsauftrag: „Genau mit dieser Frage werden wir uns in der heutigen Stunde beschäftigen. Ich teile euch gleich das Arbeitsblatt aus. Ihr schreibt euch bitte die Frage auf. Jeder hat dann erst einmal 5 Minuten Zeit eine eigene Vermutung zu dieser Frage zu formulieren und erste Ideen zur Lösung aufzuschreiben. Im Anschluss habt ihr dann die Möglichkeit mit einem Partner die Aufgabe zu lösen und die Präsentation eurer Ergebnisse auf Folie vorzubereiten."	LiV-Impuls	
Offene Fragen werden geklärt.		
Das Arbeitsblatt wird ausgeteilt.		Arbeitsblätter

| 08:15Uhr-
08:35Uhr

5'

15' | **Arbeitsphase:**

Die Lernenden formulieren eine eigene Vermutung und entwickeln individuell erste Lösungsideen.

Die Lernenden tauschen sich zu zweit über ihre Lösungsideen aus, lösen die Aufgabe gemeinsam und bereiten ihre Ergebnispräsentation vor.

Mögliche/ erwünschte Schüleraktivitäten:
- Mathematisieren
- Mathematisch arbeiten:
  Dreisatzverfahren, schriftliche
  Division, Subtraktion, ...
- Interpretieren
- Validieren
- Präsentation vorbereiten

Didaktische Reserve:
Andere mögliche Fragestellungen (s.o.)/ Berechnung bei einem anderen Preis (z.B. 50€)

Möglicher Ausstieg:
Zwischenreflexion:
- Wie weit seid ihr gekommen?
- Wie seid ihr vorgegangen?
- Was ist noch zu tun? | Think-Pair-Share

Einzelarbeit

Partnerarbeit | Methoden-karten,
Arbeitsblatt,
Stifte |
| 08:35Uhr-
08:45Uhr | **Ergebnissicherung:**

Zwei bis drei Partnergruppen präsentieren ihre Ergebnisse und Vorgehensweisen und erhalten eine Rückmeldung von der Lerngruppe.

Mögliche Reflexionsschwerpunkte:
- unterschiedliche Lösungswege
- Vorgehensweise
- Schwierigkeiten | Schülervortrag/
Unterrichts-gespräch | OHP, Folien |

8. Literatur- und Quellenangaben

Barzel, Bärbel/ Holzäpfel, Lars/ Leuders, Timo/ Streit, Christine: Mathematik unterrichten: Planen, durchführen, reflektieren. Berlin: Cornelsen 2012.

Barzel, Bärbel/ Büchter, Andreas/ Leuders, Timo: Mathematik Methodik. Handbuch für die Sekundarstufe I und II. Berlin: Cornelsen Scriptor 2007.

Blum, Werner/ Drüke-Noe, Christina/ Hartung, Ralph/ Köller, Olaf: Bildungsstandards Mathematik: konkret. Sekundarstufe I: Aufgabenbeispiele, Unterrichtsanregungen, Fortbildungsideen. Berlin: Cornelsen Skriptor 2006.

Bruder, Regina/ Leuders, Timo/ Büchter, Andreas: Mathematikunterricht entwickeln. Bausteine für kompetenzorientiertes Unterrichten. 2. Auflage. Berlin: Cornelsen Skriptor 2012.

Büchter, Andreas/ Leuders, Timo: Mathematikaufgaben selbst entwickeln. Lernen fördern – Leistung überprüfen. 4. Auflage. Berlin: Cornelsen Skriptor 2009.

Das große Tafelwerk. Formelsammlung für die Sekundarstufen I und II. Berlin: Cornelsen 2003.

Duden: http://www.duden.de/rechtschreibung/Rabatt (03.12.2013)

Duden: http://www.duden.de/suchen/dudenonline/perzent (05.12.2013)

Formelsammlung: http://www.formelsammlung-mathe.de/prozentrechnung.html (03.12.13)

Hessisches Kultusministerium: Bildungsstandards und Inhaltsfelder. Das neue Kerncurriculum für Hessen. Sekundarstufe I. Wiesbaden: 2011.

Maaß, Katja: Mathematisches Modellieren. Aufgaben für die Sekundarstufe I. Berlin: Cornelsen Skriptor 2007.

Mattes, Wolfgang: Methoden für den Unterricht. 75 kompakte Übersichten für Lehrende und Lernende. Paderborn: Schöningh 2002.

Zech, Friedrich: Grundkurs Mathematikdidaktik. Theoretische und praktische Anleitungen für das Lehren und Lernen von Mathematik. 10.Auflage. Weinheim/Basel: Beltz Verlag 2002.

Abbildung:

http://www.weltbild.de/3/18369408-1/dvd/how-i-met-your-mother-season-8.html (01.12.2013)

9. Anhang

9.1 Arbeitsblatt

Aufgabe: „Welchen Gutschein möchtest du zuerst einlösen?"

Frage: _____

_____

Vermutung: _____

9.2 Mögliche Lösungen:

<u>1.Möglichkeit:</u>

5€-Rabatt: 35€ - 5€ = 30€

20%-Rabatt:

1) 30€ : 5 = 6€   **2)**

%	€
100	30
20	6

30€ - 6€ = 24€

30€ - 6€ = 24€

3) $W = \frac{G \cdot p}{100}$

W = 30 · 20 : 100

W = 6

30€ - 6€ = 24€

4)

%	€
100	30
1	0,3
80	24

---   **AB I**   ----   **AB II**   ---   **AB III**   ---

→ **Preis mit beiden Gutscheinen: 24€**

<u>2.Möglichkeit:</u>

20%-Rabatt:

1) 35€ : 5 = 7€   **2)**

%	€
100	35
20	7

35€ - 7€ = 28€

35€ - 7€ = 28€

3) $W = \frac{G \cdot p}{100}$

W = 35 · 20 : 100

W = 7

35€ - 7€ = 28€

4)

%	€
100	35
1	0,35
80	28

---   **AB I**   ----   **AB II**   ---   **AB III**   ---

5€-Rabatt: 28€ - 5€ = **23€**

→ **Preis mit beiden Gutscheinen: 23€**

9.3 Einordnung in Modellierungskreislauf

Modellierungs-kreislauf	Aktivitäten der Lernenden	Mögliche Schwierigkeiten
Verstehen	- Sinnentnehmendes Betrachten der Abbildungen - Hineinversetzen in Situation - Erfassen der Problemstellung	- Vielfalt an Informationen - nicht relevante Informationen ausblenden - Problemstellung wird nicht erkannt/ verstanden
Vereinfachen/ Strukturieren	- Identifikation der relevanten Angaben (Preis der DVD, Rabatt-Gutscheine, Frage) - Lösungsideen finden	- es werden nicht alle Angaben beachtet - es wird nur eine Möglichkeit beachtet - Schwierigkeiten beim Finden einer Lösungsidee
Mathematisieren	- Rechnungen aufstellen (z.B. Division, Multiplikation Subtraktion) - evtl. Zuordnungstabelle	- falsche Rechenoperationen - evtl. fehlerhaftes Aufstellen der Zuordnungstabelle
Mathematisch arbeiten	- verschiedene Möglichkeiten berechnen: 1. zuerst 5-€-Gutschein 2. zuerst 20% Rabatt	- Fehlerhafte Rechnungen - Schwierigkeiten beim Rechnen mit Prozent-/Dezimalzahlen - es wird nur eine Möglichkeit berechnet
Interpretieren	- Vergleichen der Möglichkeiten und erkennen, bei welcher Möglichkeit mehr gespart werden kann	- die Möglichkeiten werden nicht miteinander verglichen - das größere Ergebnis wird als besser angesehen
Validieren	- Entscheidung für eine Möglichkeit oder Begründung, dass es nahezu egal ist	- Entscheidung fehlt
Darlegen	- Darlegen des Lösungswegs und Begründung	- Begründung fehlt

Bibliografische Information der Deutschen Nationalbibliothek:

Die Deutsche Bibliothek verzeichnet diese Publikation in der Deutschen National-
bibliografie; detaillierte bibliografische Daten sind im Internet über http://dnb.d-
nb.de/ abrufbar.

Impressum:

Copyright © 2013 GRIN Verlag, Open Publishing GmbH
Druck und Bindung: Books on Demand GmbH, Norderstedt Germany
ISBN: 978-3-668-18957-7

Dieses Buch bei GRIN:

http://www.grin.com/de/e-book/319616/prozentrechnung-welchen-gutschein-
moechtest-du-zuerst-einloesen-rabatte